中国教育学会中学语文教学专业委员会专家审定

青少年经典阅读书系
QINGSHAONIAN JINGDIAN YUEDU SHUXI

孝　经

【"孔子述作，垂范将来"的经典】

〔春秋〕曾参◎原著
《青少年经典阅读书系》编委会◎主编

首都师范大学出版社
CAPITAL NORMAL UNIVERSITY PRESS

图书在版编目(CIP)数据

孝经/《青少年经典阅读书系》编委会主编.—北京：首都师范大学出版社,2011.12(2020年7月重印)
(青少年经典阅读书系.国学系列)
ISBN 978-7-5656-0620-5

Ⅰ.①孝… Ⅱ.①青… Ⅲ.①家庭道德-中国-古代-青年读物②家庭道德-中国-古代-少年读物 Ⅳ.①B823.1-49

中国版本图书馆 CIP 数据核字(2011)第 255902 号

孝　经

《青少年经典阅读书系》编委会　主编

策划编辑	李佳健

首都师范大学出版社出版发行

地　　址	北京西三环北路 105 号
邮　　编	100048
电　　话	68418523(总编室)　68982468(发行部)
网　　址	www.cnupn.com.cn
印　　厂	汇昌印刷(天津)有限公司
经　　销	全国新华书店发行
版　　次	2012 年 9 月第 1 版
印　　次	2020 年 7 月第 5 次印刷
书　　号	978-7-5656-0620-5
开　　本	710mm×1000mm　1/16
印　　张	5.5
字　　数	80 千
定　　价	14.00 元

版权所有　违者必究
如有质量问题请与出版社联系退换

总　序
Total order

　　被称为经典的作品是人类精神宝库中最灿烂的部分，是经过岁月的磨砺及时间的检验而沉淀下来的宝贵文化遗产，凝结着人类的睿智与哲思。在滔滔的历史长河里，大浪淘沙，能够留存下来的必然是精华中的精华，是闪闪发光的黄金。在浩瀚的书海中如何才能找到我们所渴望的精华，那些闪闪发光的黄金呢？唯一的办法，我想那就是去阅读经典了！

　　说起文学经典的教育和影响，我们每个人都会立刻想起我们读过的许许多多优秀的作品——那些童话、诗歌、小说、散文等，会立刻想起我们阅读时的那种美好的精神享受的过程，那种完全沉浸其中、受着作品的感染，与作品中的人物，或者有时就是与作者一起欢笑、一起悲哭、一起激愤、一起评判。读过之后，还要长时间地想着，想着……这个过程其实就是我们接受文学经典的熏陶感染的过程，接受文学教育的过程。每一部优秀的传世经典作品的背后，都站着一位杰出的人，都有一颗高尚的灵魂。经常地接受他们的教育，同他们对话，他们对社会、对人生的睿智的思考、对美的不懈的追求，怎么会不点点滴滴地渗透到我们的心灵，渗透到我们的思想和感情里呢！巴金先生说："读书是在别人思想的帮助下，建立自己的思想。""品读经典似饮清露，鉴赏圣书如含甘饴。"这些话说得多么恰当，这些感

总 序
Total order

受多么美好啊!让我们展开双臂、敞开心灵,去和那些高尚的灵魂、不朽的作品去对话、交流吧,一个吸收了优秀的多元文化滋养的人,才能做到营养均衡,才能成为精神上最丰富、最健康的人。这样的人,才能有眼光,才能不怕挫折,才能一往无前,因而才有可能走在队伍的前列。

《青少年经典阅读书系》给了我们一把打开智慧之门的钥匙,会让我们结识世界上许许多多优秀的作家作品,会让这个世界的许多秘密在我们面前一览无余地展开,会让我们更好地去感悟时间的纵深和历史的厚重。

来吧!让我们一起品读"经典"!

国家教育部中小学继续教育教材评审专家
中国教育学会中学语文教学专业委员会秘书长

丛书编委会

丛书策划 复 礼
　　　　　王安石
主　　编 首 师
副主编 张 蕾
编　　委（排名不分先后）
　　　　张 蕾　李佳健　安晓东　石 薇　王 晶
　　　　付海江　高 欢　徐 可　李广顺　刘 朔
　　　　欧阳丽　李秀芹　朱秀梅　王亚翠　赵 蕾
　　　　黄秀燕　王 宁　邱大曼　李艳玲　孙光继
　　　　李海芸

阅读导航

《孝经》的内容

　　《孝经》是一部重要的儒家经典，在中国社会流传极广，影响至巨。在漫长的封建社会中，由于统治者的曲解和利用，《孝经》中许多有价值的内涵被冲淡或掩盖了，因此有必要对其加以重新认识。《孝经》共分18章，是儒家十二经中篇幅最短的一部。《孝经》以孔子与其门人曾参谈话的形式，对孝的含义、作用等问题加以阐述。依其内容，18章大致可分为四部分。自《开宗明义章》至《庶人章》为第一部分，共6章，对孝加以概括性论述，并分别对不同地位的人的孝的不同表现形式进行阐述。这是全篇的宗旨所在，内容重要。自《三才章》至《五刑章》为第二部分，共5章，主要讲述孝与治国的关系，强调孝在社会生活中的重要性。其中的《纪孝行章》则专论孝子应做之事，是对一般意义上的孝的解说。自《广至德章》至《广扬名章》为第三部分，共3章，是对《开宗明义章》中提到的"至德"、"要道"、"扬名"的引申和发挥。因此，这一部分可视为《开宗明义章》的继续。自《谏争章》至《丧亲章》为第四部分，共4章。这部分各章之间内在联系不紧密，而是分别以不同题目，对前三部分内容进行发挥和补充。其中，《丧亲章》可视为全篇的总结。《孝经》篇幅虽短，文字不满两千，但内容很丰富，也很深刻。

《孝经》的核心

　　孝是自然规律的体现，是人类行为的准则，是国家政治的根本。这是《孝经》的基本观点，也是全篇的基石。该书以孝为中心，比较集中地阐发了儒家的伦理思想。它肯定"孝"是上天所定的规范，"夫孝，天之经也，地之义也，人之行也"。书中指出，孝是诸德之本，"人之行，莫大于孝"，国君可以用孝治理国家，臣民能够用孝立身理家，保持爵禄。《孝经》在中国伦理思想中，首次将孝亲与忠君联系起来，认为"忠"是"孝"的发展和扩大，并把"孝"的社会作用绝对化、神秘化，认为"孝悌之至"就能够"通于神明，光于四海，无所不通"。它主张把"孝"贯串于人的一切行为之中，它把维护宗法等级关系与为封建专制君主服务联系起来，主张"孝"要"始于事亲，中于事君，终于立身"，并按照父亲的生老病死等生命过程，提出"孝"的具体要求："居则致其敬，养则致其乐，病则致其忧，丧则致其哀，祭则致其严。"该书还根据不同人的等级差别规定了行"孝"的不同内容：天子之"孝"要求"爱敬尽于事亲，而德教加于百姓，刑于四海"；诸侯之"孝"要求"在上不骄，高而不危，制节谨度，满而不溢"；卿大夫之"孝"则一切按先王之道而行，"非法不言，非道不行，口无择言，身无择行"；士阶层的"孝"是忠顺事上，保禄位、守祭祀；庶人之"孝"应"用天之道，分地之利，谨身节用，以养父母"。

除了直接奉养父母以表爱敬之心外，作为个人，事亲者应具有怎样的修养和品行呢？首先，要保护好自己的身体，这是父母所给，不能损伤，即所谓"身体发肤，受之父母，不敢毁伤，孝之始也"（《开宗明义章》）。其次，要立身行道，树立自己的良好形象，用扬名天下后世、光耀父母来体现自己的孝，这也是孝的最佳表现形式，是"孝之终也"。再次，对待父母以外的人，也要尊重，不能得罪。即"爱亲者不敢恶于人，敬亲者不敢慢于人"（《天子章》）。最后，不论环境怎样，都要不骄、不乱、不争，即所谓"居上不骄，为下不乱，在丑（同类）不争"（《纪孝行章》）。只有这样，才可以避免祸患。具备了上述四条，能够使自己不受伤害，使奉养父母成为可能；同时，还可以为父母增光，从精神上对父母进行安慰并使之快乐。

《孝经》的影响

那么人在社会中如何体现自己的孝呢？很显然，这些内容所表达的是扩大到社会生活中的孝，是孝对社会生活的规范。换言之，一切社会生活都可用孝来解释和衡量。用孝来规范社会、规范政治生活、协调上下关系，一句话，以孝治国，是《孝经》所极力倡导的。通观《孝经》，谈治国之处甚多。最值得重视的是屡屡谈到天子要以孝治国，除《天子章》外，篇中多举先王、明王、圣人之例来加以说明。后世对《孝经》中以孝治国和天子要遵行孝道的观点往往不予强调，实际上是忽略了《孝经》的精髓和价值。此外，《孝经》还把封建道德规范与封建法律联系起来，认为"五刑之属三千，而罪莫大于不孝"；提出要借用国家法律的权威，维护封建的宗法等级关系和道德秩序。《孝经》在唐代被尊为经书，南宋以后被列为《十三经》之一。在长期的封建社会中它被看做是"孔子述作，垂范将来"的经典，对传播和维护封建纲常起了很大作用。

目录

开宗明义章第一 / 1

天子章第二 / 4

诸侯章第三 / 6

卿大夫章第四 / 9

士章第五 / 12

庶人章第六 / 15

三才章第七 / 18

孝治章第八 / 22

圣治章第九 / 26

纪孝行章第十 / 31

五刑章第十一 / 34

广要道章第十二 / 36

广至德章第十三 / 39

广扬名章第十四 / 42

谏诤章第十五 / 44

感应章第十六 / 47

事君章第十七 / 50

丧亲章第十八 / 53

附录一　劝孝歌 / 56

附录二　劝报亲恩 / 60

开宗明义章第一

开宗明义章,是整部孝经的纲领。其内容,揭示了整部孝经的宗旨,表明五种孝道的义理,遵循前代的孝治法则,制定后世的政教规范,所以作为首章。

【注释】

①以顺天下:用来使天下的人和顺。以,用来。
②用:因此。和睦:相亲相爱。
③上:做官的、长者、位尊者。

【原文】

仲尼居,曾子侍。子曰:"先王有至德要道,以顺天下①,民用和睦②,上下无怨③。汝知之乎?"

【译文】

一天,孔子在家里闲坐,他的弟子曾参陪坐在他的旁边。孔子说:"古代的帝王有一种崇高至极的品行和道德,使天下人心归顺,人民和睦相处。上自天子,下至庶人,都没有怨恨不满。你知道吗?"

【注释】

①避席:离开坐席。
②何足:哪能够。
③复坐:返回坐席。
④扬名:显扬名声。
⑤始于事亲:从孝顺父母开始。始,开始。

【原文】

曾子避席曰①:"参不敏,何足以知之②?"子曰:"夫孝,德之本也,教之所由生也。复坐③,吾语汝!身体发肤,受之父母,不敢毁伤,孝之始也。立身行道,扬名后世④,以显父母,孝之终也。夫孝,始于事亲⑤,中于事君,终于立身。"

【译文】

曾子肃然起敬,离开自己的座位,站起来回答说:"学生不够聪敏,怎么会知道其中的深奥呢?"于是孔子就告诉他说:"所谓的孝,它是一切德行的根本,也是教化产生的根源。你回到原来位置坐下,我慢慢地告诉你。人的身体四肢、毛发皮肤,都是父母赋予的,所以你就应当体念父母疼爱儿女的心,保护自己的身体,不让它受到丝毫的损坏,这就是孝道的开始。一个自强独立的人,不为外界利欲所摆布，那他一定有一个好人格，这就是立身。他做事情，走正道，不越轨，不妄行，有始有终，这就是行道。他的人格道德为众人所景仰，其名誉不仅当世被传诵，且将要名扬于后世。这样以来，他父母的声名，也因儿女的德望而显赫荣耀起来，这便是孝道的终极目标。这个孝道，最初是从侍奉父母开始，然后效力于国君，最终建功立业，功成名就。"

【原文】

"《大雅》云：'无念尔祖，聿修厥德。'"

【译文】

"《诗经·大雅·文王》中说：'怎能不追念你祖父文王的德行呢？你要先修炼你自己的德行，才能继续他的德行。'这样，才算是尽到了大孝。"

评析

孝经开篇以孔子与弟子曾参闲谈的方式，提出孝道的几个层次，最初是从侍奉父母开始，然后效力国君，最终建功立业，功成名就。本章作为整部孝经的纲领的确起到了开宗明义的作用，揭示了整部孝经的宗旨。

天子章第二

此章说明一国之君应当尽的孝道是要博爱广敬,感化人群。人不分种族,地不分中外,天子之孝都可以起到感化作用,故为五孝之冠,列为第二章。

【原文】

子曰:"爱亲者,不敢恶于人;敬亲者,不敢慢于人①。爱敬尽于事亲,而德教加于百姓②,刑于四海③。盖天子之孝也。"

【译文】

孔子说:"能够爱护自己父母的人,就不会厌恶别人的父母;能够尊敬自己父母的人,也不会怠慢别人的父母。以亲爱恭敬的心情尽心尽力地侍奉双亲,这样其德行就会教化黎民百姓,使天下的百姓纷纷遵从效法,孝心孝行遍布四海。这就是天下的孝道。"

【原文】

《甫刑》云:"一人有庆,兆民赖之。"

【译文】

《尚书·甫刑》有两句话说:"天子一人有敬亲爱亲的善行,天下数万万的老百姓也都受其鼓励,并效法他,而敬爱他们自己的父母了。"

【注释】

①慢:不敬,怠慢。

②德教:道德修养的教育,即孝道的教育。加:施加。

③刑:通"型",典范,榜样。四海:古代以中国四境环海,故称四方为四海,即天下。

评析

这一章说明,天子是一国之君,他的地位居万民之首,他的思想行动是万民的表率。他若能实行孝道,对父母尽其爱敬之情,那么,全国人民就没有不效法去敬爱他们自己的父母的。孔子说:"君子之德风,小人之德草。草上之风,必偃。"这就证明了德教感化之神速广大。

诸侯章第三

这一章,是阐明诸侯的孝道,包括公、侯、伯、子、男五等爵位在内,所以在上不骄和制节谨度为诸侯孝道的基本条件,是为第三章。

【原文】

在上不骄，高而不危①；制节谨度，满而不溢。高而不危，所以长守贵也②；满而不溢，所以长守富也③。

【译文】

诸侯的地位，虽较次于天子，但为一国或一地方的领导，地位也算很高了。位高者，不易保持久远，而易遭危殆。假若能谦恭下士，而无骄傲自大之气，其位置再高也不会有被倾覆的危险。其次，关于地方财政经济事务，事前，要统筹规划，有预算的节约，并且按既定方针，谨慎使用，量入为出，自然收支平衡，财政经济便能充裕丰满。然满则易溢，但若如前面所讲，生活节俭、慎行法度，财富再充裕丰盈也不会损溢。居高位而没有倾覆的危险，所以能够长久保持自己的尊贵地位；财物充裕，运用恰当，虽满而不奢靡挥霍，所以能够长久地保持自己的财富。

【原文】

富贵不离其身，然后能保其社稷，而和其民人①。盖诸侯之孝也。《诗》云："战战兢兢，如临深渊，如履薄冰②。"

【译文】

诸侯能够长期保持他的财富和地位，不让富贵离开他的身子，那他自然有权祭祀社稷之神，而保有社稷。有权管辖人民，与他们和睦愉快地相处。这样的居上不骄和制节谨度的作风，才是诸侯当行的孝道。《诗经·小雅·小

【注释】

①高而不危：高，言诸侯居于列国最高之位。危，危险。
②贵：指政治地位高。
③富：指钱财多。

【注释】

①和：动词。使和睦。民人：即人民，百姓。
②战战兢兢，如临深渊，如履薄冰：战战，恐惧的样子。兢兢，谨慎的样子。临，靠近。渊，深水，深潭。履，踏，踩。

旻》篇中说:"身居诸侯之位,常常要警戒畏惧,谨慎小心地处事,就像身临深水潭边恐怕坠落,脚踩薄冰之上担心陷下去那样。"

评析

这一章是说诸侯的孝道。因为诸侯的权能,是上奉天子之命,以管辖民众;下受民众的拥戴,以服从天子。一国所有的军事、政治、经济、文化等各项要政,都得由他处理。这种地位,极容易犯凌上慢下的错误。犯了这种错误,不是天子猜忌,便是民众怨恨,那么危险的日期就快到了。如果用戒慎恐惧的态度处理一切事务,那么,他对上可以替天子行道;对下,可以替人民造福,自然可以保持长久的高位,而不至于危殆不安。财物处理得当,收支平衡,库存充裕,财政金融稳定,人民生活丰足,那么,这种国富民康的社会现象,可以保持久远,个人的荣禄,还有什么可说呢?"不危不溢"、"长守富贵",是诸侯立身行远的长久之计;居上不骄和制节谨度的作风,才是诸侯当行的孝道;戒慎恐惧,才是诸侯尽孝的真正要道。

卿大夫章第四

这一章，是说天子或诸侯的辅佐官员卿大夫的孝道。他们是决定政策的集团，全国行政的枢纽，地位颇高，但不负守土治民的责任，故次于诸侯。卿大夫的孝道，就是要在言语上、行动上、服饰上，一切都要合于礼法，起榜样作用和领导作用。

【注释】

①法服:按照礼法制定的服装。
②德行:合乎道德规范的行为。

【原文】

非先王之法服不敢服①,非先王之法言不敢道,非先王之德行不敢行②。

【译文】

任卿大夫是辅佐国家行政的官吏。事君从政,承上接下,管理内政、外交、礼仪,所以服装、言语、德行,都要合乎礼法、合乎规定。所以不是先代圣明君王所制定的合乎礼法的衣服,就不能乱穿;不是先代圣明君王所说的合乎礼法的言语,就不能乱讲;不是先代圣明君王实行的道德准则和行为,就不能乱做。

【注释】

①口过:言语的过失。
②怨恶:怨恨,不满。
③备:完备,齐全。

【原文】

是故非法不言,非道不行;口无择言,身无择行;言满天下无口过①,行满天下无怨恶②。三者备矣③,然后能守其宗庙。盖卿大夫之孝也。

【译文】

所以不合乎礼法的话不说,不合乎礼法道德的行为不做;开口说话不需选择就能合乎礼法,自己的行为不必刻意考虑也不会越轨;于是所说的话即便天下皆知也不会有过失之处,所做的事传遍天下也不会遇到怨恨厌恶。衣饰、语言、行为这三点都能做到遵从先代圣明君王的礼法准则,谨慎全备,那自然德高功硕,不但可保禄位,亦可守住自己祖宗的香火延续兴盛。这就是卿大夫的孝道啊!

【原文】

《诗》云:"夙夜匪懈,以事一人。"

【译文】

《诗经·大雅·烝民》有两句话说:"为人臣子的,要从早到晚勤勉不懈专心奉事天子,尽他应尽的责任。"

评析

卿大夫虽没有守土治民的重大责任,但为政府的中坚力量,君主诸侯的辅佐,对政治也具有很大的影响。所以卿大夫之孝,应以拥护其主为第一要素,还应特别注意确保他们的服饰、言语、行动万无一失,才能保守其地位与宗庙祭祀之礼。

士章第五

这一章是阐述基层官员的孝道。第一,要尽忠职守;第二,要尊敬长上,故列居第五章。

【原文】

资于事父以事母①，而爱同②；资于事父以事君，而敬同。故母取其爱，而君取其敬，兼之者③，父也。

【译文】

士的孝道，就是要用奉事父亲的心情去奉事母亲，爱心是相同的；再用奉事父亲的心情去奉事国君，崇敬之心也是相同的。所以爱敬的这个孝道，是相关联的，所以奉事母亲是用爱心，奉事国君是用尊敬之心，两者兼而有之的是对待父亲。

【原文】

故以孝事君则忠①，以敬事长则顺。忠顺不失②，以事其上，然后能保其禄位③，而守其祭祀。盖士之孝也。

【译文】

因此用孝道来奉事国君就忠诚，用尊敬之道奉事上级则顺从。就像学生学业结束离开家庭踏进社会，走上工作岗位，还不适应角色的转换。若能以事亲之道，服从领导，竭尽心力，把工作做好，这便是忠。处理同事关系，对地位较高年龄较大的长者，以恭敬服从的态度对待，这便是顺。士的孝道，第一，要对上级顺从尽到忠心。第二，要对同事中的年长位高者恭顺，多多请教，上级自然认为他是个可塑之材，同事也都会同情他，协助他。这样的话，他的忠顺二字便不会失掉。能做到忠诚顺从地奉事国君和

【注释】

① 资：取，拿。事：奉事。
② 爱同：指对父母双方的亲情之爱相同。
③ 兼：同时具备。之：代词，指爱与敬。

【注释】

① 忠：忠贞。
② 顺：恭顺，顺从。失：短缺，过失。
③ 禄位：俸禄和职位。

上级，然后即能保住自己的俸禄和职位，并能守住自己对祖先的祭祀，这就是士的孝道！

【原文】

《诗》云："夙兴夜寐，无忝尔所生。"

【译文】

《诗经·小雅·小宛》说："要早起晚睡地去做你的工作，不要辱及生你养你的父母。做人一定要勤勉不怠，自己做事有责任心也反映了父母良好的修为涵养。"

评析

士的孝道，在乎尽忠职守，善处同事，因为他要想有所作为，就必须按上级的指示去做，并谦虚礼貌真诚地向别人请教学习。如果做事不负责任，那便是不忠。对同事不恭敬，那便是不顺。不忠不顺，那便得不到上级的信任和同事的好感。一个人所处的环境，如果是这样的恶劣，那他还能保持他的禄位、守其祭祀吗？

庶人章第六

这一章,是孔子专门针对一般的平民百姓说的。平民,是一个国家、一个社会的基本组成元素。书云:"民为邦本,本固邦宁。"故放在五孝之末章。

【注释】

①用:顺应,利用。

②分:区别,分辨。

③谨身:指行为举动谨慎小心。节用:指用度花费,俭省节约。

④庶人:指天下黎民百姓。

【原文】

用天之道①,分地之利②。谨身节用③,以养父母,此庶人之孝也④。

【译文】

我国自古以来就以农业为主,农人的孝道,就是要会利用自然的季节来耕耘收获,以适应天道。认清土地的高下优劣,来种植庄稼,生产获益,以收获果实。庶人的孝道,除了上述的利用天时和地利以外,还要行为谨慎地保重自己的身体和爱护自己的名誉,不要使父母赋予你的身体有一点损伤,名誉有一点败坏。也要节省开支,不要把有用的金钱,作无谓的消耗。如果照这样保健身体、爱护名誉、节省有用的金钱,使财物充裕,食用不缺,以孝养父母,那父母一定是很喜悦的。这就是普通老百姓的孝道了。

【注释】

①孝:行孝。无:不分。终:指庶人。始:指天子。

②患:担忧,忧虑。不及:指做不到。

③未之有:没有这种事。

【原文】

故自天子至于庶人,孝无终始①,而患不及者②,未之有也③。

【译文】

孝道虽然有五种类别,但都是基于每一个人的天性来孝顺父母的。所以上自天子,下至普通老百姓,孝道是不论尊卑高下的,是无始无终的,是永恒存在的。如果有人担心尽不了孝道的话,那是绝对不可能的事。

评析

  总结以上孝道的五类，各本天性，各尽所能。总之，孝道本无高下之分，也无终始之别。凡是为人子女的，都应站在自己的角色上，尽其应尽的责任，大而为国为民，小而保全自身，都算是尽了孝道。只要把这一颗爱敬的本心放在孝亲上，自然事事替父母着想，时时念父母亲恩，也就不敢去作奸犯科了，因为其一举一动，都会连累了父母、让父母担忧的。这样，不但他个人是一个孝子，家庭方面，也会获得莫大的幸福，对国家社会的秩序稳定也有所裨益。世界大同的理想，也就不难实现了。

三才章第七

这一章，由于曾子赞美孝道的广大，于是孔子便更进一步给他说明孝道的本原，是取法于天地，立为政教，以教化世人。故列于五孝之次。

【原文】

曾子曰："甚哉①，孝之大也②！"

【译文】

曾子原以为保全身体，赡养父母，就算尽了孝道。当听了孔子传授的这五等孝道以后，不禁惊叹道："太伟大了！孝道是如此的博大高深！"

【注释】

① 甚：很，非常。哉：语气词，表示感叹。
② 大：伟大，博大。

【原文】

子曰："夫孝，天之经也①，地之义也，民之行也②。天地之经，而民是则之。则天之明，因地之利，以顺天下③，是以其教不肃而成④，其政不严而治⑤。先王见教之可以化民也⑥，是故先之以博爱，而民莫遗其亲⑦；陈之于德义，而民兴行；先之以敬让，而民不争；导之以礼乐，而民和睦；示之以好恶，而民知禁。

【译文】

孔子见曾子对于他所讲的五孝，已有所领悟，便进一步说："你知道这个孝道的本原，是从哪里取法来的？它是取法于天地的。天有三光照射，能运转四时。以生物覆帱为常，是为天之经。地有五土之性，能长养万物，以承顺利物为宜，是为地之义。人得天之性，则为慈为爱。得地之性，则为恭为顺。慈爱恭顺，与孝道相合，故为民之行。孝道犹如天上日月星辰的运行，地上万物的自然生长，天经地义，是人类最为根本首要的品行。天地间有其自然法

【注释】

① 经：常规，原则，永恒不变的规律。
② 行：行为准则。
③ 以：用来。顺：理顺，治理好。
④ 是以：因此。肃：严厉。
⑤ 严：严刑峻法。治：平治，指天下安定太平。
⑥ 化：使变善，使变好。
⑦ 遗：弃置不管，不予赡养。

则,人类从中领悟到实行孝道是由于自然法则起的作用。爱亲之心,人人都有,明白其中道理的人却不多。法则都是顺乎天地自然之理、可以治理天下的,故而圣明的君主,应当效法永恒不变的法则,利用自然优势,顺应自然规律对天下百姓实施政教:效法天之明,教民出作入息,夙兴夜寐;利用地之宜,教民耕种五谷,生产孝养。这种教化,合乎民众的心理,民众自然都愿意听从,所以教化不用去严肃施为就能顺利进行,政治不用去严厉推行而自然国泰民安。前代的贤明君主,看到教育可以辅助政治,感化人民,就先以身作则,倡导博爱,这样民众效法他的博爱精神,所以没有遗弃双亲的人;宣扬仁义道德,人民也去效法,因此普遍盛行道德高尚的风气;对人对事,率先奉行恭敬和谦让的态度,于是人民效法他的敬让,不会发生争端。用礼乐教化他们,人民就相亲相敬、和睦相处。告诉人民什么是好的应该去提倡的行为,什么是不好的应该去制止的行为,那么人们自然会懂得禁令的严重性而不敢违法乱纪了。

【原文】

《诗》云:"赫赫师尹①,民具尔瞻②。"

【译文】

《诗经·小雅·节南山》中说:"周朝有一位显耀的太师官伊尹,他不过是三公之一,尚且能为民众如此景慕和瞻仰。如果身为一国之君也像伊尹一样,以身作则,那天下的民众还能不爱戴和尊敬他吗?"

【注释】

① 赫(hè)赫:声威浩大的样子。师:指太师,是周三公(太师、太傅、太侍)中地位最高者。尹:尹氏,周朝人,官太师。
② 具:通"俱",都。尔瞻:即瞻尔,注视你。

评析

　　孔子把孝道的本原讲给曾子听。道的本原，是顺乎天地的经义，应乎民众的心理。把孝道作为国君教化民众的准则，不但教化易于推行，就是对于政治，也有绝大的帮助。所以孔子特别告诉曾子的，就是"其教不肃而成，其政不严而治"。政教如此的神速进展，还有什么话说？前代的君王都深谙孝道的妙用，以身作则，率先倡导。所以不管你身居何位，哪怕是一国之君，只要身体力行，就都会被民众敬慕瞻仰。

孝治章第八

这一章是说天子、诸侯、大夫，如果能用孝道治理国家，就能得民心，从而得天下。孝治的本意也在此，这也就是前文所说的不敢恶于人、不敢慢于人的实在表现。经书将其列为第八章。

【原文】

子曰:"昔者明王之以孝治天下也①,不敢遗小国之臣②,而况于公、侯、伯、子、男乎?故得万国之欢心③,以事其先王。

【译文】

孔子说:"过去的圣明君主,是用孝道治理天下的。其爱敬之心推己及人,即便是对一些附属小国派来的使臣,都不敢轻视慢待,何况自己直属的封疆大吏如公、侯、伯、子、男呢?所以众多诸侯也对他真诚归顺、甘心听命、远近朝贡,并帮助国君祭祀先王。孝道就算尽到极点了。

【注释】

①明王:英明的君王。

②遗:遗漏,忽略,不重视。

③欢心:爱护,拥护之心。

【原文】

治国者,不敢侮于鳏寡①,而况于士民乎②?故得百姓之欢心,以事其先君③。

【译文】

过去的诸侯,效法天子以孝道治理天下的法则,以爱敬治其诸侯国。爱人的人,必受人爱慕;敬人的人,必受人尊敬。即便是对失去妻子的男人和丧夫守寡的女人也不敢欺侮,更何况对他属下的臣民百姓了。所以就能得到全国百姓的欢心,竭诚拥戴,使他们帮助诸侯祭祀祖先,岂不是尽到了孝道吗?

【注释】

①鳏(guān):无妻或丧偶的男子。寡:丧夫的妇女。

②士民:指士绅和平民。

③先君:指诸侯国国君死去的列祖列宗。

【注释】

① 妻子：妻子和儿女。
② 事其亲：指帮助奉养卿、大夫的父母。

【原文】

治家者，不敢失于臣妾，而况于妻子乎①？故得人之欢心，以事其亲②。

【译文】

过去的卿大夫治家，即便对于臣仆婢妾也不失礼，何况对自己的妻子、儿女呢？因此，人不分贵贱，情不分亲疏，只要得到大家的欢心，使他们乐于奉侍自己的父母，那么自然夫妻相爱，兄弟和睦，儿女欢乐，主仆愉快，家庭一片和气景象。以此孝道治家，那岂不是达到了理想的家庭吗？

【注释】

① 然：如此，指尽孝道。
② 安：安享。
③ 鬼：指卿、大夫的父母的灵魂。之：指代祭祀。
④ 生：发生。
⑤ 祸乱：灾祸和叛乱。作：兴起。

【原文】

夫然①，故生则亲安之②，祭则鬼享之③，是以天下和平，灾害不生④，祸乱不作⑤。故明王之以孝治天下也如此。

【译文】

如果依照以上所讲的以孝道治理天下国家，自然能得到天下人的欢心，那样做父母的人，在活着的时候，就可安心享受他们儿女的孝养，去世以后，也就很自然地受用他们儿女的祭礼。照这样治理天下国家，必定是一片和平气象，水、旱、虫、疫等自然灾害，就不会再产生，战争血腥盗匪等人为祸乱，也不会发生了。由此可见，历代明德圣王以孝治天下国家的效果，是如此的高明。

【原文】

《诗》云:"有觉德行,四国顺之。"

【译文】

《诗经·大雅·仰之》说:"一国之君,有伟大的道德行为,那么周边的众多小国,都会被感化而心悦诚服,没有不顺从他的。由此可见,再没有比以孝道治理国家更好的方法了。"

评析

古人对于孝道,是非常重视的,这表现在他们并不限于对自己父母尽孝,而且推其孝敬之心到比较疏远的人群中去,使人人都能得到欢心。像这样的孝德感召,人人尽孝,形成一种良好的社会风气,国家还愁不强盛吗?如果不提倡以孝道治天下,那爱敬之道拘于狭隘,家也不能保,国更不能治,即使科学发达、武器犀利,也不是长治久安之道。孟子说过:"天时不如地利,地利不如人和。"如以孝道治理天下国家,先得了人和,有了人和,自然会有国泰民安。

圣治章第九

这一章是因曾子听到孔子关于孝治可以使天下实现和平的讲解后,再发问:有没有比孝更大的圣人之德?孔子进而解说没有再比孝道更大的了。孝治主德,圣治主威,德威并重,方成圣治。

【原文】

曾子曰："敢问圣人之德①，无以加于孝乎②？"

【注释】

①敢：谦词，有冒昧之意。

②加：超过，更重要。

【译文】

曾子听完孔子的孝道论，以为政教之所以好的原因，都是由于孝的德行，所以又问："圣人的德行，就没有比孝道更大的了吗？"

【原文】

子曰："天地之性①，人为贵②。人之行，莫大于孝。孝莫大于严父③，严父莫大于配天④，则周公其人也！

【注释】

①性：指性命，生灵，生物。

②贵：尊贵。

③严：尊敬。

④配：配享。

【译文】

孔子说："世界万物，都是一样的得到天地之气以成形，禀天地之理以成性的。但物得到的气只是一部分，故愚钝；而人得到的气却是全部，故聪灵。所以，天地万物之中，只有人类是最为尊贵的。这样看来，若以人的行为来讲，再没有大过孝的德行了。万物出于天，人伦始于父，因此在孝道之中，没有比敬重父亲更重要的了。敬重父亲，没有比在祭天的时候，将祖先配祀天帝享受祭礼更为重大的了。自古以来，只有周公做到了这一点。所以配天之礼，是他始创的。

【原文】

昔者，周公郊祀后稷以配天①，宗祀文王于明堂，以配

【注释】

①以：用来。

② 四海之内:指远近诸侯。

③ 何以:以何,凭什么。

④ 因:凭借。

⑤ 道:关系,情分。

⑥ 生之:生育后代。

⑦ 续:指传宗接代。焉:代词,这。

⑧ 临:贵对贱、长对下为临。

上帝。是以四海之内②,各以其职来祭。夫圣人之德,又何以加于孝乎③?故亲生之膝下,以养父母日严。圣人因严以教敬④,因亲以教爱。圣人之教,不肃而成,其政不严而治,其所因者本也。父子之道⑤,天性也,君臣之义也。父母生之⑥,续莫大焉⑦。君亲临之⑧,厚莫重焉!

【译文】

　　周代,武王逝世,周公辅助成王,主理国家政治,制礼作乐。他创制了在郊外祭天的祭礼,把其始祖后稷配祀天帝。在明堂祭祀,又把父亲文王配祀天帝。周公这样追尊他的祖与父,无疑是倡导德教,而在四方作为示范。所以各地的诸侯,都能恪尽职守,前来协助他的祭祀。孝德感人如此之深,可见,圣人的德行,又有什么能超出孝道的呢?圣人教人孝道,是顺应自然的人性,而不是被勉强的。因为一个人的亲爱之心,是年幼时在父母膝下玩耍之时就萌生出来的,等到逐渐长大成人,就一天比一天懂得了对父母亲情的爱敬。这是人的本性,是良知良能的体现。圣人就是因为他对父母日益尊敬的心理,就教导人们孝敬的道理;因为他对父母亲情的心理,就教人爱亲的道理。本来爱敬出于自然,圣人不过启发人的良心,遵循人的本性教授敬和爱,也不是勉强为之的。所以圣人教导的,不必严厉地推行就可以成功。圣人对国家的管理,不必施以严厉粗暴的方式就很有效。他所凭借的就是人生来固有的本性。

　　父亲与儿子之间的感情,是出于人类天生的本性,不是受强迫的。这里边还含着敬意,父如严君,这也体现了君主与臣属之间的义理关系。父母生下子女以传宗接代,没有比这个更为重要的了。父亲对子女,既像一个有威望的君主,又是一位慈爱的亲人,有双重感情在里面,所以没有比这样的感情更厚重的了。

【原文】

故不爱其亲,而爱他人者,谓之悖德①;不敬其亲,而敬他人者,谓之悖礼。以顺则逆,民无则焉②!不在于善③,而皆在于凶德④,虽得之,君子不贵也⑤。

【注释】

① 悖:违背,违逆。
② 则:指行动准则。
③ 在于:怀有。
④ 凶:丑恶的。
⑤ 贵:认为……贵。

【译文】

所以爱敬之情当由爱敬自己的父母起始。假如有人不敬爱自己的父母,却去爱敬别人,那就叫违背道德。不尊敬自己父母而去尊敬别人,那就叫违背礼法。爱亲敬亲,是顺道而行的善行;不爱不敬,就是逆道而行的凶德。不顺应人心天理地爱敬父母,偏要倒行逆施,人民如何能效法?不是在躬行爱敬的善道上努力,却凭借恶道施为,即使能得一时之志,也是被君子所不齿的,终将遗臭万年。

【原文】

君子则不然,言思可道①,行思可乐②,德义可尊,作事可法③,容止可观④,进退可度,以临其民⑤,是以其民畏而爱之,则而象之⑥。故能成其德教,而行其政令。

【注释】

① 可道:可以讲。
② 乐:使……欢乐。
③ 法:效法。
④ 容止:容貌仪表。
⑤ 临:治理。
⑥ 则:取法。象:模仿,效法。

【译文】

有道德的君子,却不是那样做的,他的谈吐,必定考虑到要让别人称道;他的行为,必定考虑可以给别人带来快乐欣慰。他奉行的道德和义理,必定会令他人尊敬;他的行为举止，必定会使人们取法；他的容貌气度，必定端庄伟大无可挑剔；一进一退，都是合乎礼仪，可以作为楷模。君子这样来治理国家、统治百姓，百姓自然敬畏并爱戴他，学习效法他。所以君子能够很顺利地完成其德治教化，顺利地推行法规政令。

【注释】

①淑：美好，善良。

②忒：差错。

【原文】

《诗》云："淑人君子①，其仪不忒②。"

【译文】

《诗经·曹风·鸤鸠》中说："善良的正人君子，他的威仪礼节，一定是没有差错的，这样他才能够为人师表，而被老百姓所效法了。"

评析

孝治，重在德行方面；而圣治，却在德威并重。德，是内在的美德；威，是外在的美德。内在的美德与外在的美德合起来，才算是爱敬的全德。圣人讲学一步进一步，内外兼修，爱敬并施，自然德教顺利完成，政令不严而治了。

纪孝行章第十

这一章讲述的是平时的孝行,其中有五项是应该效法的,有三项则不应当效法,提出来劝勉学生。

【注释】

① 养:奉养,赡养。乐:欢乐。

② 致其忧:充分地表现出忧伤焦虑的心情。

③ 祭(jì):指用仪式来对死者表示悼念或敬意。严:端庄严肃,如斋戒沐浴,守夜不睡等。

【原文】

子曰:"孝子之事亲也,居则致其敬,养则致其乐①,病则致其忧②,丧则致其哀,祭则致其严③。五者备矣,然后能事亲。

【译文】

孔子说:"大凡有孝心的子女们,对父母亲的侍奉,第一,在日常家居的时候,要竭尽对父母的恭敬,衣食起居要多方面注意;第二,对父母,要在奉养的时候,保持和悦愉快的心情去服侍,笑容承欢,而不要使父母感到不安;第三,父母有病时,要带着忧虑的心情去照料,急请名医诊治,亲奉汤药,早晚服侍,父母的疾病一日不愈,即一日不能安心;第四,万一父母不幸病故,则要谨慎小心,满足父母所需,备办一切,还要竭尽悲哀之情料理后事;第五,对于父母去世以后的祭祀方向,尽其思慕之心,庄严肃敬地祭奠。以上五项孝道,在履行的时候,必定要出于至诚。否则,徒具形式,则失去孝道的意义了。

【注释】

① 不乱:恭谨奉上,合乎礼法。

② 丑:众,卑贱之人。

③ 刑:遭受刑罚。

④ 兵:遭到兵刃凶器加身。

【原文】

事亲者,居上不骄,为下不乱①,在丑不争②。居上而骄则亡,为下而乱则刑③,在丑而争则兵④。三者不除,虽日用三牲之养⑤,犹为不孝也。

【译文】

孝敬父母,不但要有以上的五要,还要有以下的三忌:

第一，就是身居高位的人，不要有骄傲自大蛮横之气；第二，身居下层的人，不要有悖乱不法的作为；第三，在鄙俗的群众当中要与人和平相处，而不要和他们争斗。身居高位却骄傲自大的人，必招致灭亡之灾。身居下层违法乱纪的人，必遭受严厉酷刑的惩罚。在鄙俗的群众中与人斗争，必然会受到凶险残杀的下场。这骄、乱、争三项逆理行为，每一桩都有危及自身、殃及父母的可能。父母常担心子女的安全，为儿女的，若不戒除以上的三项逆行，就是每天用牛、羊、猪三牲来奉养他的父母，也不能让父母安心，还是没有尽到孝的本质。可见孝敬父母，不在口腹之养，而在于让父母在精神上得到欣慰。

⑤三牲：指牛、羊、猪。

评析

居致敬、养致乐、病致忧、丧致哀、祭致严五项，这是孔子指出顺的道理；居上骄、为下乱、在丑争，这是孔子指出逆的道理。由顺德上边去做，就是最完全的孝子。由逆道上边去行，自然会受到社会法律的制裁和得到不幸的结果。这个道理，很显然地分出两个途径，就是说：前一个途径，是光明正大的道路，可以行得通而畅达无阻的；后一个途径，是崎岖险径，绝崖穷途，万万走不得的。圣人教人力行孝道，免除刑罚，其用心之苦，至为深切了。

五刑章第十一

这一章是说明违反孝行,应受法律制裁,使人有所警惕,不要去犯法。这里所讲的五刑之罪,莫大于不孝,就是讲明刑罚的森严可怕,以劝导世人走上孝道的正途。

【原文】

子曰："五刑之属三千①，而罪莫大于不孝。要君者无上②，非圣人者无法③，非孝者无亲④。此大乱之道也⑤。"

【译文】

孔子又提醒曾子说："国有常刑，来制裁人类的罪行，使人向善去恶。五刑所属的犯罪条例，约有三千之多，仔细研究一下，这些都没有比不孝的罪过大。用刑罚纠正不孝之人，以儆效尤，督促人走上孝行的正道。用武力胁迫君主的人，是眼中没有君主的存在；诽谤立法垂世圣人的人，是眼中没有法纪的存在；讥笑鄙视非议立身行道的有孝行的人，是眼中没有父母的存在。像这样要挟长官、无法无天、无父无母的三种人的行径，就和禽兽没有区别了。以禽兽之行，横行于天下，天下还能不大乱吗？所以说这就是天下大乱的根源。"

【注释】

①属：种类。

②要：要挟，胁迫。无：目中无人，藐视。

③非：非议，诽谤。

④无亲：没有父母的存在。

⑤道：根源。

评析

为人子女的，都应该向良知良能、爱敬父母的孝行方面努力，不要一误再误、走到最危险的歧途中去。圣人爱人之深，而警告之切，由此可见。

广要道章第十二

这一章,是孔子就首章所讲的"要道"二字,加以具体说明,使天下后世的为君王者,明确知道要道的法则可贵,实行以后有多大的效果。

【原文】

子曰："教民亲爱①，莫善于孝。教民礼顺，莫善于悌②。移风易俗，莫善于乐③。安上治民，莫善于礼④。

【注释】

①亲爱：和睦。
②悌：敬爱兄长。
③乐：音乐。
④礼：礼节。

【译文】

孔子说："治国平天下的大道，应以教化为先。教育人民相亲相爱，没有比倡导孝道更好的方法了。教育人民恭敬和顺，没有比服从自己兄长更好的方法了。要想转移社会风气，改变旧的习惯制度，没有比音乐教化更好的方法了。要想安定君主的身心，治理黎民百姓，没有比礼法教化更好的方法了。

【原文】

礼者，敬而已矣。故敬其父，则子悦①，敬其兄则弟悦，敬其君，则臣悦。敬一人，而千万人悦。所敬者寡②，而悦者众。此之谓要道也③。

【注释】

①悦：高兴。
②寡：少，少数。
③要道：关键。

【译文】

所谓礼教，归根结底就是一个"敬"字而已。因此，如果一国之君，能恭敬他人的父亲，那他的儿女一定是很喜悦的；敬他人的兄长，那他的弟弟一定很喜悦的；敬他人的君主，那他的部下和百姓，也是很喜悦的。这一个敬字，只是敬一个人，而喜悦的人，何止千万人呢？敬爱一个人，却能使千万人高兴愉快。所尊敬的对象虽然只是少数，为之喜悦的人却有千千万万，这就是礼敬作为要道的意义所在啊。

评析

作为君主治理国家、建立社会道德规范的力行宝典，统治者提倡孝道是很明智的。

广至德章第十三

这一章说的意思，是把至德的意义简要地指出来，使执政者知道至德是怎样实行的。上一章是说致敬可以悦民，本章是说教民可以致敬，所以列于广要道章之后。

【注释】

① 家至:到每家每户去。日见:天天见面。

【原文】

子曰:"君子之教以孝也,非家至而日见之也①。教以孝,所以敬天下之为人父者也。教以悌,所以敬天下之为人兄者也。教以臣,所以敬天下之为人君者也。"

【译文】

孔子为曾子特别解释说:"执掌政治的君子,教民行孝道,并不是亲自到人家家里去推行,也并非每天见面去教导。这里有一个根本的道理,例如以孝教民,使天下为人子的人,都知道奉事父亲之道,那就等于孝敬天下做父亲的人了。以悌教民,使天下为人弟的人,都知道奉事兄长之道,那就等于孝敬天下做兄长的人了。以臣下的道理教人,那就等于孝敬天下做君主的人了。"

【注释】

① 恺悌(kǎitì):和平安详,平易近人。
② 至德:至高无上的德行。
③ 孰:谁。

【原文】

《诗》云:"恺悌君子①,民之父母。非至德②,其孰能顺民③,如此其大者乎?"

【译文】

《诗经·大雅·泂酌》里有一句话是这样说的:"一个执政的君子,他的态度,常和平快乐;他的德行,常平易近人。这样他就像百姓的父母一样。没有崇高至上的德行,怎么能使天下民心归顺到这种伟大的程度呢?"

评析

　　希望执政的人,以其实行至德的教化,感人最深,推行政治也较容易。执政者,若能利用民众自然天性,施行教化,不但人民爱他如父母,而且所有的政教措施,都容易实行了。

广扬名章第十四

孔子既把至德要道,分别论述得明明白白,又把推孝至忠、扬名显亲的方法,具体地提出来,以告诉曾子。

【原文】

子曰："君子之事亲孝①，故忠可移于君②；事兄悌，故顺可移于长；居家理，故治可移于官③。是以行成于内④，而名立于后世矣⑤。"

【译文】

孔子说："君子侍奉父母亲能尽孝，所以能把对父母的孝心移作对国君的忠心；奉事兄长能尽敬，所以能把这种尽敬之心移作对前辈或上司的敬顺；在家里能处理好家务，所以会把理家的道理移到做官治理国家上来。因此说能够在家里尽孝悌之道、治理好家政的人，其名声也就会显扬于后世了。"

【注释】

①事亲：事，侍奉。亲，父母。

②移：推移。

③官：管理，治理。

④是以：因此，所以。行：指孝、悌、善于理家三种优良的品行。内：家内。

⑤立：树立。

评析

这一章教人立德、立功、爱护名誉，把忠孝大道推行到极点。所谓"名誉是第二生命"。我国古代圣贤所讲的名誉，首推德行。德是"名之实"，君子视"无实之名"为可耻的。不像西方所讲的名誉，是纯粹的名誉，所以有名誉的人不一定有德行。有德行的人，必定有名誉。德是根本，名是果实。

谏诤章第十五

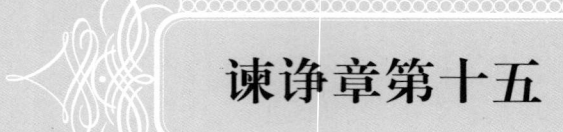

这一章讲的是为臣子的,不可不谏诤君亲。君亲有了过失,为臣子的就应当立行谏诤,以免陷君亲于不义。孔子由于曾子提问,特别发挥了谏诤的重要性。

【原文】

曾子曰："若夫慈爱、恭敬、安亲、扬名，则闻命矣①。敢问子从父之令②，可谓孝乎？"

【注释】

① 命：指示，教诲。
② 从父之令：听从父母的命令或指示。

【译文】

曾子听孔子讲过了各种孝道，就是没有讲到父亲有了过错应该怎样办，所以问道："像慈爱、恭敬、安亲、扬名这些孝道，已经听过了您的教诲，我都有所领悟。但我还想再冒昧地问一下，为人子的只要不违背父亲的命令，一味遵从父亲的命令，就能算孝子了吗？"

【原文】

子曰："是何言与？是何言与？昔者，天子有争臣七人，虽无道，不失其天下。诸侯有争臣五人，虽无道，不失其国。大夫有争臣三人，虽无道，不失其家。士有争友①，则身不离于令名②。父有争子，则身不陷于不义。故当不义③，则子不可以不争于父，臣不可以不争于君。故当不义则争之。从父之令，又焉得为孝乎？"

【注释】

① 争友：能直言规劝的朋友。
② 不离：不失。令名：美好的名声。令，善，美好。
③ 当：面对。

【译文】

孔子听了惊叹道："这是什么话呢？这是什么话呢？父亲的命令，不但不能随便听从，而且还要斟酌它是否可行。例如上古时代，天子为一国之君，事务繁忙，君主如有善行，则亿兆人民蒙福；君主如有过失，则全民受难。假若有七位敢于直言相谏的贤臣，那天子虽然偶有差错，也不会失去天下。诸侯若有五位谏诤的臣下，即便自己无道，也不会失掉他的诸侯领地。卿大夫是有家的，如果有三个谏诤的臣下，那他虽然偶尔有差误，这三位贤臣，早晚进谏，陈说督促，他也不会失掉他的家。为士的，虽然是最小的官员，没有臣下可言。假若有谏诤的几位朋友，对他忠告善导、规过劝善，那他的行为自然会免犯错误，而美好的名誉，就集中在他的身上了。为父亲的，若果有明礼达义、敢于直言力争的子女，常常谏诤他、纠正他，那他是不会做错事的，自然也就不会陷于不义了。君臣与父子，是休戚相关的。所以遇见了不应当做的事，为子女的，不可不向父亲婉言谏诤；为臣下的，不可不向君主直言谏诤。为臣子的，应当陈明是非利害，明确劝告。父亲不从，为子女的，应当婉言相劝，即使触怒了他挨打受骂，也不要怨恨。君王要是不从，为臣下的，还应当尽力进谏，即使触怒了他受到处罚，也应在所不惜。所以臣子遇见君父做了不应当做的事情，必须立即谏诤。若有的孩子，不管父亲的命令是否合理，一味听从，那就陷亲人于不义了，他怎么还能算是个孝子呢？"

评析

此章之前，讲述的都是爱敬及安亲之道理，对于规劝之道理，没有提到。本章谏诤之意有双重含义：一面是对于被谏诤的君父及朋友的一种警告说：接受谏诤，不但对于本身的过失有所改正，且对于天下国家，将有重大的影响，使他知道警惕；一面是对谏诤者的臣子及友人的一种启示：即要事君尽忠，事父尽孝，对朋友尽信义，若见善不劝，见过不规，则陷君父朋友于不义，以至于遭受不测的后果，那忠孝信义，就都化为乌有了。

感应章第十六

这一章是说孝悌之道,不但可以感人,而且可以感动天地神明。中国古代哲学,即是天人合一,故以天为父,以地为母。人为父母所生,即天地所生,所以说有感即有应,以此证明孝悌之道无所不通的意思。

【注释】

① 治：整饬，有条不紊。

② 神明彰：指天地众神降福保佑。彰，彰明，显现。

【原文】

子曰："昔者，明王事父孝，故事天明；事母孝，故事地察；长幼顺，故上下治①。天地明察，神明彰矣②。"

【译文】

孔子说："从前，贤明的帝王奉事父亲很孝顺，所以在祭祀天帝时能够明白上天庇覆万物的道理；奉事母亲很孝顺，所以在社祭厚土时能够明察大地孕育万物的道理；理顺处理好长幼秩序，所以对上下各层也就能够治理好。能够明察天地覆育万物的道理，神明感应其诚，就会彰明神灵、降临福瑞来保佑他。"

【注释】

① 言：助词，无实意。

② 先：所礼让的人。

③ 先：祖先。

④ 著：显现。

⑤ 通：通达。

⑥ 光：通"横"，充满，塞满，照耀。

【原文】

故虽天子，必有尊也，言有父也①；必有先也②，言有兄也。宗庙致敬，不忘亲也。修身慎行，恐辱先也③。宗庙致敬，鬼神著矣④。孝悌之至，通于神明⑤，光于四海⑥，无所不通。

【译文】

所以说天子的地位，就算最尊贵的了，但是还有比他更高的，这就是指天子还有父亲。天子是全民的领袖，谁能先于他呢？但是还有比他更先的，这就是指天子还有兄长。照这样的关系看来，天子不但不能自以为尊，而且还要尊其父；不但不能自以为先，还要先其兄。伯、叔、兄、弟，都是祖先的后代。天子必能推其爱敬之心，以礼相待，并追及其祖先，设立宗庙祭祀，可见其爱敬之诚。这是孝的推广，不忘亲族之意，对于祖先，也算尽了爱敬之诚。但是自身的行为，稍有差错，就要辱及祖先。所以修持其本身之道德，谨慎其做事之行为，而不敢有一点怠忽之处，恐怕万一有了差错，就会给祖先亲族蒙羞。至于本身道德无缺，人格高尚，到了宗庙致敬祖先，那祖先都是高兴地来享用，扬扬自得，就像在你身边一样保佑你。圣明之君，以孝感通神明，什么能难倒他呢？由以上的道理看来，孝悌之道，如果做到了至极的程度，对父母兄长孝敬顺从达到了极致，即可以通达于神明，光照天下，任何地方都可以感应相通。照这样的治理天下，自然国泰民安，上下无怨了。

【原文】

《诗》云："镐京辟廱，自西自东，自南自北，无思不服①。"

【注释】

①无思不服：没有人不服从。思，语气词。

【译文】

《诗经·大雅·文王有声》中说："天下虽大，四海虽广，但是人的心理是一样的。所以文王的教化，传遍四海，只要受到文王教化的臣民，地域不分东西南北，没有不心悦诚服的，可见盛德感化之深无所不通。"

评析

本章说明孝悌感通天地；孝悌感通鬼神；孝悌之至，远近幽明，无所不通；引诗作证，以证明人同此心，心同此理，天下之大，没有不通的意思。

事君章第十七

这一章是说忠于事君的道理。为人子女的,始于事亲,是孝的小部分,忠于事君,就是在于能为国家办事,为民众服务,这是孝的大部分。所以孔子特别把事君列入此章。

【原文】

子曰："君子之事上也，进思尽忠①，退思补过②，将顺其美③，匡救其恶④，故上下能相亲也。

【注释】

①进：指为朝廷做事。
②退：退居在家。
③将：执行，实行。
④匡：纠正。

【译文】

孔子说："凡是有德有位的君子，他事奉君主，有特别的优点。进前见君，他就知无不言，言无不尽，计划方略，全盘贡献，必思虑以尽其忠诚之心。既见而退了下来，他就检讨他的工作，是否有没有尽到责任？他的言行，是否有过失？必殚精竭虑来弥补他的过错。对于君王的优点，会顺应发扬；对于君王的过失缺点，会匡正补救。总之为臣子的事奉君主，以能陈善闭邪，防患未然，乃为上策。为人臣子的，如能照这样侍奉君主，君主自然洞察忠诚，以义待下，所谓君臣同德，上下一气，所以君臣关系才能够相互亲敬。

【原文】

《诗》云："心乎爱矣，遐不谓矣①。中心藏之，何日忘之！"

【注释】

①遐：远。谓：告诉。

【译文】

《诗经·小雅·隰桑》中说："心中充溢着爱敬的情怀，无论多么遥远，这片真诚的爱心永久藏在心中，从不会有忘记的那一天。"

评析

　　事君尽忠,为臣爱君虽远处异地,都不忘怀。君臣到了这种程度,可谓同心同德、上下一心,社会还能不好吗?国家还能不太平吗?孝亲到了事君的阶段,这正是青年有为之时。青年人如能照孔子所指示的方法去实行,那么,不但爱敬之心尽于父母,那治国平天下的责任,都能够担在身上了。

丧亲章第十八

这一章是孔子对曾子讲授:父母在世之日,孝子尽其爱敬之心,父母可以亲眼看见,直接享受;一旦去世,孝子不能再见双亲,无法再尽敬爱之情。为孝子的那种心情,当是何等的哀痛。孔子特为世人指出慎终追远的大道理,传授给曾子,教化世人,让他们有所效法。

【注释】

① 偯(yǐ)：哭泣的尾声。

② 言不文：说话不讲究藻饰修辞等。

③ 服美：穿华丽的衣服。服，穿。

④ 旨：美味。甘：香甜。

⑤ 政：礼法制度。

⑥ 丧：守丧,服丧。

【原文】

子曰："孝子之丧亲也，哭不偯①，礼无容，言不文②，服美不安③，闻乐不乐，食旨不甘④，此哀戚之情也。三日而食，教民无以死伤生，毁不灭性，此圣人之政也⑤。丧不过三年⑥，示民有终也。

【译文】

孔子说："善于孝养父母的子女，父母一旦过世了，那他们的哀痛之情，无以复加。哭得气竭力衰，不再有委曲婉转的余音。举止行为失去了平时的端正礼仪，言语没有了条理文采，穿上华美的衣服就心中不安，听到美妙的音乐也不快乐，吃美味的食物不觉得好吃，这样的言行动作，都是因哀戚的关系，不由自主。耳目的娱乐，口体的奉养，自然没有快乐于心的意思。这是做子女的因失去亲人而悲伤忧愁的表现，也是孝子哀戚真情之流露。父母去世后三天，孝子要吃东西，这是教导人民不要因失去亲人的悲哀而损伤生者的身体。哀戚之情，本来是发自于天性，假如哀戚过度，就毁伤了身体。但是不能伤害到生命，不要因过度的哀毁而灭绝人生的天性。这是圣贤君子的为人之道。守丧不过三年之礼，这就是教民行孝，有一个终止的期限。

【注释】

① 擗(pǐ)踊：捶胸顿脚。古丧礼中，表示极度悲痛的动作。擗，

【原文】

为之棺、椁、衣、衾而举之；陈其簠、簋而哀戚之；擗踊哭泣①，哀以送之②；卜其宅兆，而安措之③；为之宗庙，以鬼享之④；春秋祭祀，以时思之⑤。

【译文】

办丧事的时候，应该谨慎地为去世的人把衣服穿好，被褥垫好，内棺整妥，外椁套妥，把他收殓起来。之后，在灵堂前边，陈设方圆祭器，供献祭品，早晚哀戚以尽孝思。出殡的时候，先行祖饯，表示不忍亲人离去。女子抚心痛哭，男子顿足号泣，哀痛迫切地来送殡。至于安葬的墓穴，必须选择妥善的地方，幽静的环境。卜宅兆而安葬之，以表儿女爱敬的诚意。安葬以后，依其法律制度，建立家庙或宗祠。三年丧毕，移亲灵于宗庙，使亲灵有享祭的处所，以祀鬼神之礼祀之，春秋祭祀，表示生者无时不思念亡故的亲人，这是不忘亲恩的体现。

【原文】

生事爱敬，死事哀戚，生民之本尽矣①，死生之义备矣②，孝子之事亲终矣。

【译文】

父母在世的时候，要用爱和敬来孝顺他们，父母去世以后，要怀着哀痛悲伤的心情料理后事，这样才算尽到了人生在世应尽的本分和义务，养生送死的礼仪都做到了，才算是完备了为人子女的孝道。

捣胸。踊，跳跃。
②送：指出殡，送葬。
③安措：安置。
④以鬼：按照对逝者的礼法。
⑤以时：按时。

【注释】

① 生民：人民。本：本分，义务。
② 义：道义，情分。备：全，都。

评析

按孝为德之本，政教之所由生，故为生民之本。孝子生尽爱敬，死尽哀戚，生死始终，无所不尽其极。照这样的孝顺双亲，把父母抚育之恩，可算完满报答了。但是孝子报恩的心理上，仍是永无尽期的。

附录一　劝孝歌

孝为百行首，诗书不胜录。
富贵与贫贱，俱可追芳躅。

若不尽孝道，何以分人畜。
我今述俚言，为汝效忠告。

百骸未成人，十月怀母腹。
渴饮母之血，饥食母之肉。

儿身将欲生，母身如在狱。
唯恐生产时，身为鬼眷属。

一旦见儿面，母喜命再续。
一种诚求心，日夜勤抚鞠。

母卧湿簟席，儿眠干蓐茵。
儿睡正安稳，母不敢伸缩。

儿秽不嫌臭，儿病甘心赎。
横簪与倒冠，不暇思沐浴。

儿若能步履，举步虑颠覆。
儿若能饮食，省口恣所欲。

乳哺经三年，汗血耗千斛。
劬劳辛苦尽，儿至十五六。

性气渐刚强，行止难拘束。
衣食父经营，礼义父教育。

专望子成人，延师课诵读。
慧敏恐疲劳，愚怠忧碌碌。

有善先表暴，有过常掩护。
子出未归来，倚门继以烛。

儿行十里程，亲心千里逐。
儿长欲成婚，为访闺门淑。

媒妁费金钱，钗钏捐布粟。
一日媳入门，孝思遂衰薄。

父母面如土，妻子颜如玉。
亲责反睁眸，妻詈不为辱。

母披旧衫裙，妻着新罗绸。
父母或鳏寡，为儿守孤独，

父虑后母虐，鸾胶不再续；
母虑孤儿苦，孀帏忍寂寞。

身长不知恩，糕饵先儿属。

健不祝哽噎，病不知伸缩。

衣裳或单寒，衾裯失温燠。
风烛忽垂危，兄弟分财谷。

不思创业艰，唯道遗资薄。
忘却本与源，不念风与木。

烝尝亦虚文，宅兆可时卜？
人不孝其亲，不如禽与畜。

慈乌尚反哺，羔羊犹跪足。
人不孝其亲，不如草与木。

孝竹体寒暑，慈枝顾本末。
劝尔为人子，孝经须勤读。

王祥卧寒冰，孟宗哭枯竹。
蔡顺拾桑葚，贼为奉母粟。

杨香拯父危，虎不敢肆毒。
伯俞常泣杖，平仲身自鬻。

江革甘行佣，丁兰悲刻木。
如何今世人，不效古风俗？

何不思此身，形体谁养育？
何不思此身，德性谁式榖？

何不思此身，家业谁给足？
父母即天地，罔极难报复。

亲恩说不尽，略举粗与俗。
闻歌憬然悟，省得悲莪蓼。

勿以不孝首，枉戴人间屋。
勿以不孝身，枉着人间服。

勿以不孝口，枉食人间谷。
天地虽广大，难容忤逆族。

及早悔前非，莫待天诛戮。
万善孝为先，信奉添福禄。

附录二　劝报亲恩

（一）

天地重孝孝当先，
一个孝字全家安。
为人须当孝父母，
孝顺父母如敬天。

孝子能把父母孝，
下辈孝儿照样传。
自古忠臣多孝子，
君选贤臣举孝廉。

要问如何把亲孝，
孝亲不止在吃穿。
孝亲不教亲生气，
爱亲敬亲孝乃全。

可惜人多不知孝，
怎知孝能感动天。
福禄皆因孝字得，
天将孝子另眼观。

孝子贫穷终能好，
不孝虽富难平安。

诸事不顺因不孝，
回心复孝天理还。

孝贵心诚无它妙，
孝字不分女共男。
男儿尽孝须和悦，
妇女尽孝多耐烦。

爹娘面前能尽孝，
尽孝才是好儿男。
翁婆身上能尽孝，
又落孝来又落贤。

和睦兄弟就是孝，
这孝叫做顺气丸。
和睦妯娌就是孝，
这孝家中大小欢。

男有百行首重孝，
孝字本是百行原。
女得淑名先学孝，
三从四德孝为先。

孝字传家孝是宝，
孝字门高孝路宽。
能孝何在贫和富，
量力尽心孝不难。

富孝鼎烹能致养，
贫孝菽水可承欢。
富孝孝中有乐趣，
贫孝孝中有吉缘。

富孝瑞气满潭府，
贫孝祥光透清天。
孝从难处见真孝，
孝心不容一时宽。

赶紧孝来孝孝孝，
亲山我孝寿山天。
亲在当孝不知孝，
亲殁知孝孝难全。

生前尽孝亲心悦，
死后尽孝子心酸。
孝经孝文把孝劝，
孝父孝母孝祖先。

为人能把祖先孝，
这孝能使子孙贤。
贤孝子孙钱难买，
着孝买来不用钱。

孝字正心心能正，
孝字修身身能端。
孝字齐家家能好，

孝字治国国能安。

天下儿孙尽学孝,
一孝就是太平年。
戒淫戒赌都是孝,
孝子成材亲心欢。

戒杀放生都是孝,
能积亲寿孝通天。
惜谷惜字都是孝,
能积亲福孝非凡。

真为心善是真孝,
万善都在孝里边。
孝子行孝有神护,
为人不孝祸无边。

孝子在世声价重,
孝子去世万古传。
此篇句句不离孝,
离孝人伦难周全。

念得十遍千个孝,
消灾免难百孝篇。

(二)

人生五伦孝当先,
自古孝为百行原。

世上唯有孝字大,
孝顺父母为一端。

欲知孝道有何尽,
听我仔细对你言。
好饭先尽爹娘用,
好衣先尽父母穿。

穷苦莫教爹娘受,
忧愁莫教父母耽。
出入扶持须谨慎,
朝夕伺候莫厌烦。

爹娘都调勿违阻,
吩咐言语记心间。
呼唤应声不敢慢,
诚心敬意面带欢。

大小事情须禀命,
禀命再行莫自专。
时时体贴爹娘意,
莫教爹娘心挂牵。

宝局钱场我休往,
花街柳巷莫游玩。
保身惜命防灾病,
酒色财气不可贪。

为非作歹损阴德，
惹骂爹娘心怎安。
是耕是读是买卖，
安分守己就是贤。

每日清晨来相问，
冷热好歹问一番。
到晚莫往旁处去，
奉侍爹娘好安眠。

夏天爹娘要凉快，
冬天宜暖不宜寒。
爹娘一日三顿饭，
三顿茶饭留心观。

恐怕饮食失调养，
有了灾病后悔难。
老人食物宜软烂，
冷硬切莫往上端。

富家酒肉常不断，
贫家量力进肥甘。
但愿自己受委屈，
莫教爹娘有艰难。

莫重财帛轻父母，
莫受挑唆听妻言。
为人诚心把孝尽，

才算世间好儿男。

万一爹娘有了过，
恐怕别人笑嗤咱。
委曲婉转来相劝，
比东说西莫直言。

爹娘若是顾闺女，
莫与姊妹结仇冤。
爹娘若是偏兄弟，
想是咱身有不贤。

双全父母容易孝，
孤寡父母孝难全。
白日冷清常沉闷，
黑夜凄凉形影单。

亲儿亲娘容易孝，
唯有继母孝更难。
继母若是性子暴，
柔声下气多耐烦。

对人总说爹娘好，
受屈头上有青天。
有时爹娘身得病，
谨慎调养莫等闲。

煎汤熬药须亲手，

不可一日离床前。
病重神前去祷告,
许愿唯有善书篇。

尽心竭力来侍奉,
日莫辞劳夜莫眠。
休说自己劳苦大,
爹娘劳苦更在先。

人子一日长一日,
爹娘一年老一年。
劝人及时把孝尽,
兄弟虽多不可扳。

若待父母去世后,
想着尽孝难上难。
总有猪羊灵前供,
爹娘何曾到嘴边。

不如活着吃一口,
粗茶淡饭也香甜。
即遭不幸出丧事,
不可鼓乐闹喧天。

不尚虚文只哀恸,
要紧预备好衣棺。
丧葬之后孝再行,
按节祭扫把坟添。

兄弟姐妹要亲爱,
亲爱兄妹九泉安。
生前死后孝尽到,
为人一生大事完。

试看古来行孝者,
荣华富贵福绵绵。
你看忤逆不孝顺,
送到大堂板子扇。

此篇劝孝逢知己,
趁早行孝莫迟延。

（三）

从来亲恩报当先,
说起亲恩大如天。
要知父母恩情大,
听我从头说一番。

十月怀胎耽惊怕,
临产就是生死关。
一生九死脱过去,
三年乳哺受熬煎。

生来不能吃东西,
食娘血脉充饭餐。
白天揣着把活做,
到晚怀里揽着眠。

左边尿湿放右边，
右边尿湿放左边。
左右二边全湿尽，
将儿放在胸膛间。

偎干就湿身受苦，
抓屎抓尿也不嫌。
孩子醒了她不睡，
敞着被窝任意玩。

纵然自己有点病，
怕冷也难避风寒。
孩子睡着怕他醒，
不敢翻身常露肩。

夏天结记蚊子咬，
白天又怕蝇子餐。
又怕有人来惊动，
惊得强醒不耐烦。

孩子欢喜娘也喜，
孩子啼哭娘不安。
这么拍来那么哄，
亲亲吻吻有耐烦。

手里攀着怀中抱，
掌上明珠是一般。
娘给梳头娘洗脸，

穿表曲顺小肘弯。

小裤小袄忙里做,
冬日棉来夏日单。
不会吃饭慢慢喂,
唯恐儿女受饥寒。

结记冷来结记热,
孩儿不觉只贪玩。
长大成人往回想,
恩情难报这三年。

富家养儿还容易,
贫家养儿更是难。
无有烧烟无有米,
儿女啼饥娘心酸。

万般出于无其奈,
娘就忍饥也心甘。
冬天做件破棉袄,
自己冻着尽儿穿。

娘为孩儿受冻饿,
孩子小时不知难。
长大成人往回想,
无有爹娘谁可怜?

有时发热出痘疹,

吓得爹娘心胆寒。
寻找医生求人看，
煎汤熬药祷告天。

恨不能够替儿病，
吃饭不饱睡不眠。
多咎孩子好伶俐，
这才昼夜能安然。

三岁两岁才学走，
恐有跌磕落伤残。
五岁六岁离怀跑，
任意在外跑着玩。

一时不见儿的面，
眼跳心慌坐不安。
东家寻来西家找，
怕是有人欺负咱。

结记狗咬并车轧，
只怕寻河到井边。
父母爱儿无有了，
想想爹娘那一番。

小篇不过说不意，
千言万语说不全。
十岁八岁快成人，
送到南学读书文。

笔墨纸张不惜费,
束修摊派不辞贫。
三顿饱饭供给你,
衣裳穿个干净新。

家中有活不教做,
给奖为儿自辛勤。
结记学生合格气,
又怕先生怒气嗔。

结记孩子身受苦,
又怕到大不如人。
儿在南学把书念,
哪知爹娘常挂心。

十四五六成大人,
便要与儿提婚姻。
托个媒人当月老,
访求淑女配成婚。

纳采行聘都情愿,
钗环首饰费金银。
择个吉日将过事,
逐日忙忙操碎心。

油门油窗顶棚绑,
洞房裱糊一色新。
时样缨帽买一顶,

可体袍褂做一身。

鼓乐喧天门前闹，
摆席候客忙煞人。
说的本是富家主，
再说贫家父母心。

少吃缺穿难度日，
一心给儿把妻寻。
借钱使礼也愿娶，
千方百计娶进门。

娶个好的是福气，
若是不贤是祸根。
枕边挑唆几句话，
当下儿子变了心。

媳妇好比珠宝玉，
父母如同陌路人。
待上二年生下子，
更忘爹娘把儿亲。

何人与你把妻娶？
何人与你过的门？
花费银钱是哪个？
操心劳力是何人？

拍拍胸膛仔细想，

孰轻孰重孰为尊？
养儿就是防备老，
儿大不知报娘恩。

没有爹娘生下你，
世上怎有你这身？
没有爹娘养你大，
怎在世间成为人？

为儿若把爹娘忘，
好比花木烂了根。
如果不把亲恩报，
扬头竖脑为何人？

不孝之人世上有，
天打雷劈也是真。
为儿若有别的意，
指望劝人动动心。

如若你把亲恩报，
自己定出好儿孙。

（四）

奉劝世人你是听，
五伦之内有弟兄。
为人在世兄爱弟，
在世为人弟敬兄。

三人哭活紫荆树，
于今成神在天宫。
桃园结义是异姓，
何况同父同母生？

同母固然是兄弟，
两母兄弟一般同。
莫因嫡庶分彼此，
弄得兄弟反制争。

莫因前事生疑忌，
闹得兄弟伤真情。
莫因妯娌不和气，
兄弟参商各西东。

莫因奴仆传闲话，
兄弟界墙把气生。
倘若哥哥性子暴，
不过忍些肚里疼。

为弟若是不说理，
宽宏大量把他容。
牛宏待着他弟好，
身居相位显大功。

彦霄待着他哥好，
父子同榜把官封。
兄好弟好有好报，

许多古人能说清。

沈仁沈义兄弟俩,
二人俱是翰林公。
因为家产犯争执,
不念兄弟手足情。

一齐上控到抚宪,
抚宪广劝不动刑。
五伦五常对他讲,
飞禽走兽比给听。

比东说西劝一遍,
兄弟二人放悲声。
大堂以上哭一抱,
越思越想越伤情。

翰林院里为学士,
反把手足情看轻。
兄弟回家成义气,
后来俱齐把官升。

兄弟和好能得好,
老天最重这一宗。
兄弟和睦爹娘悦,
就是外人也尊敬。

兄弟和睦是榜样,

眼看儿孙又弟兄。
兄宽弟忍听我劝,
和气致祥福禄增。

(五)

父母恩情深似海,
人生莫忘父母恩。
生儿育女循环理,
世代相传自古今。

为人子女要孝顺,
不孝之人罪逆天。
家贫才能出孝子,
鸟兽尚知哺育恩。

父子原是骨肉亲,
爹娘不敬敬何人?
养育之恩不图报,
望子成龙白费心。